# BEI GRIN MACHT SICH IHR WISSEN BEZAHLT

- Wir veröffentlichen Ihre Hausarbeit,
  Bachelor- und Masterarbeit

- Ihr eigenes eBook und Buch -
  weltweit in allen wichtigen Shops

- Verdienen Sie an jedem Verkauf

## Jetzt bei www.GRIN.com hochladen und kostenlos publizieren

**Bibliografische Information der Deutschen Nationalbibliothek:**

Die Deutsche Bibliothek verzeichnet diese Publikation in der Deutschen National-
bibliografie; detaillierte bibliografische Daten sind im Internet über http://dnb.d-
nb.de/ abrufbar.

**Impressum:**

Copyright © 2019 GRIN Verlag
Druck und Bindung: Books on Demand GmbH, Norderstedt Germany
ISBN: 9783668951204

**Dieses Buch bei GRIN:**

https://www.grin.com/document/470550

Lisa Reichenbacher

# Quantitative Datenanalyse in R - Allbusstudie

## Allbus-Studie 2014. Lebensalter, Schulbildung und Nettoeinkommen

GRIN Verlag

**GRIN - Your knowledge has value**

Der GRIN Verlag publiziert seit 1998 wissenschaftliche Arbeiten von Studenten, Hochschullehrern und anderen Akademikern als eBook und gedrucktes Buch. Die Verlagswebsite www.grin.com ist die ideale Plattform zur Veröffentlichung von Hausarbeiten, Abschlussarbeiten, wissenschaftlichen Aufsätzen, Dissertationen und Fachbüchern.

**Besuchen Sie uns im Internet:**

http://www.grin.com/

http://www.facebook.com/grincom

http://www.twitter.com/grin_com

# FOM Hochschule für Ökonomie & Management Essen

Studienzentrum Nürnberg

Berufsbegleitender Studiengang zum

Bachelor of Arts (B.A.) Business Administration

5. Semester

Seminararbeit in „Wiss. Methoden - quantitative Datenanalyse"

„Allbus-Studie 2014: Lebensalter, Schulbildung und Nettoeinkommen"

Autorin:        Lisa Reichenbacher

Abgabetermin:       27.02.2019

**Inhaltsverzeichnis**

**Tabellen- und Abbildungsverzeichnis**

# 1. Einleitung

Folgende Datenanalyse stützt sich auf die Daten der „allgemeinen Bevölkerungsumfrage der Sozialwissenschaften" (ALLBUS) aus dem Jahr 2014. Die Studie wurde Mitte der siebziger Jahre ins Leben gerufen. Seither fungiert das ALLBUS-Programm als eine umfangreiche Datenquelle für die gesellschaftliche Dauerbeobachtung in Deutschland.[1] Durch die meist zweijährliche Datenerhebung der Studie wird dieses Medium genutzt, um Veränderungen der Gesellschaft zu beobachten. Während des Erhebungszeitraum der Allbusstudie 2014 wurden mit 3468 Personen persönlich-mündliche Befragung mit standardisiertem Frageprogramm (CAPI – Computer Assisted Personal Interviewing) zwei Zusatzbefragungen als CASI (Computer Assisted Self-Interviewing) im Rahmen des ISSP (Splitverfahren) durchgeführt.[2] Die Studie beinhaltet 861 Variablen. Gegliedert ist die Studie in die Bereiche Freizeitaktivitäten und Mediennutzung, soziale Ungleichheit und Wohlfahrtsstaat, Familie und Partnerschaft, politische Einstellungen, Gesundheit, Sonstiges, ALLBUS-Demographie, Daten zum Interview (Paradaten), Nationale Identität III (ISSP), Bürger und Staat II (ISSP), Ergänzungen und abgeleitete Variablen.[3] Das Untersuchungsgebiet beschränkt sich auf die Bundesrepublik Deutschland. Die Datengeber wurden durch eine zweistufige, disproportional geschichtete Zufallsauswahl bestimmt. Unter den Probanden waren Deutsche und Ausländer, welche zum Zeitpunkt der Untersuchung in deutschen Privathaushalten lebten und vor dem 01.01.1996 geboren sind.[4] Durch den zugrunde liegenden Datensatz können Hypothesen, die durch Beobachtung hergeleitet werden, statistisch überprüft werden. Nachgehend werden einige Hypothesen vorgestellt, welche sich auf die Variablen Lebensalter, Schulbildung und Nettoeinkommen beziehen. Mit verschiedenen statistischen Verfahren, wie der Kreuztabelle, dem t.Test und die Varianzanalyse wird eruiert, ob die aufgestellten Hypothesen Bestand haben oder verworfen werden müssen.

---

[1] Vgl. *Terwey,M. und Baltzer S.*, Allbus 2008 – Variable Report,, 2011, S. 3.

[2] Vgl. *Baumann H. und Schulz S.*, Allbus 2014 – Variable Report, 2015, S. 15.

[3] Vgl. *Baumann H. und Schulz S.*, Allbus 2014 – Variable Report, 2015, S.7.

[4] Vgl. *Baumann H. und Schulz S.*, Allbus 2014 – Variable Report, 2015, S. 15

## 2. Ziel der Arbeit

Ziel dieser Hausarbeit ist die Formulierung und die Erstellung von vier Hypothesen zum Datensatz der Allbus-Studie 2014. Diese werden in Alternativ- und Nullhypothesen dargestellt. Danach wird ein geeignetes statistisches Verfahren ausgewählt, um die Hypothese zu prüfen. In dieser Hausarbeit werden die Variablen Lebensalter, Schulbildung und Nettoeinkommen eingehend beleuchtet.

## 3. Hypothesenüberprüfung

### 3.1. Kreuztabelle

Der Fakt, dass Frauen ein geringeres Einkommen erhalten als Männer, wird oft in den Medien diskutiert. Ob diese Tatsache Bestand hat, wird im Folgenden geprüft. Die dazu formulierten Hypothesen lauten:

$H_a$: Frauen erhalten ein niedrigeres Einkommen als Männer.

$H_0$: Frauen erhalten gleiches oder ein höheres Einkommen als Männer.

Das gewählte Signifikanzniveau ist 1%. Ist die Wahrscheinlichkeit, dass das Ergebnis durch Zufall zustande gekommen sein kann, größer als 1% wird die Alternativhypothese zurückgewiesen und die Nullhypothese beibehalten. Das monatliche Einkommen (v420) wurde in zwei Kategorien geteilt. Da die genannte Variable schon in Einkommens-kategorien eingeteilt ist, wurde die Selektion danach vorgenommen. Personen mit einem Einkommen von bis zu 999 Euro im Monat wurden mit „1" betitelt, Personen mit einem höheren monatlichen Einkommen erhielten eine „2". Das Merkmal Geschlecht wurde in „Mann" und „Frau" gegliedert. Die Tabelle wurde unter „EKG" gespeichert.

Befehle:

```
Geschlecht <- ifelse(Allbus2014$V81 == 1, "Mann", "Frau")
Einkommen1 <- ifelse(Allbus2014$V420 < 9, 1,2)
EKG <- table(Einkommen1, Geschlecht)
```

Betrachtet man die Aufteilung nach Geschlechtern, so erhalten 819 von 1600 Frauen und 354 von 1654 Männern ein niedriges Einkommen.

**Tabelle 1: Matrix niedriges Einkommen und Geschlecht**

```
> addmargins(EKG)
          Geschlecht
Einkommen1 Frau Mann  Sum
        1   819  354 1173
        2   781 1300 2081
      Sum 1600 1654 3254
```

Quelle: Eigene Darstellung

Dieses Ergebnis ist ein erstes Indiz dafür, dass die Alternativhypothese Bestand hat. Im nächsten Schritt wird geprüft, ob das Ergebnis zufällig zustande gekommen ist. Um dies zu prüfen wird die erwartete Häufigkeitsverteilung ermittelt. Diese wird unter der Annahme berechnet, dass das Geschlecht keinen Einfluss auf die Nennung (oder Nicht-Nennung) dieses Statements hat.

Dazu wird das Produkt der Zeilen- und Spaltensummen durch die Gesamtzahl dividiert. Die erwartete Häufigkeit, dass die Frauen dieses Statement nicht genannt haben, ist: $(1600*1173)/3254 = 1023{,}2329$

Die erwartete Häufigkeit der Männer setzt sich demnach wie folgt zusammen: $(1654*2081)/3254 = 1057{,}7671$

Das manuell berechnete Chi-Quadrat-Wert kann durch den Befehl „chisq.test" ersetzt werden.

**Tabelle 2: Chi-Quadrat-Test bei niedrigem Einkommen und Geschlecht**

```
> chisq.test(EKG)$expected
          Geschlecht
Einkommen1     Frau      Mann
        1   576.7671  596.2329
        2  1023.2329 1057.7671
```

Quelle: Eigene Darstellung

4

Zuletzt wird der p-value-Wert ermittelt. Als kritische Grenze wird p < 0,01 festgelegt. Die Wahrscheinlichkeit, dass dieser Wert durch Zufall zustande kam, beträgt weniger als 0,1%. Somit kann die Nullhypothese zurückgewiesen werden und die Alternativhypothese beibehalten werden.

**Abbildung 1: Ermittlung P-Value bei niedrigem Einkommen und Geschlecht**

```
> assocstats(EKG2)
                     X^2 df P(> X^2)
Likelihood Ratio 319.41  1        0
Pearson          312.96  1        0

Phi-Coefficient    : 0.31
Contingency Coeff. : 0.296
Cramer's V         : 0.31
```

Quelle: Eigene Darstellung

Das Ergebnis kann wie folgt grafisch dargestellt werden.

**Abbildung 2: niedriges Einkommen im Vergleich Mann zu Frau**

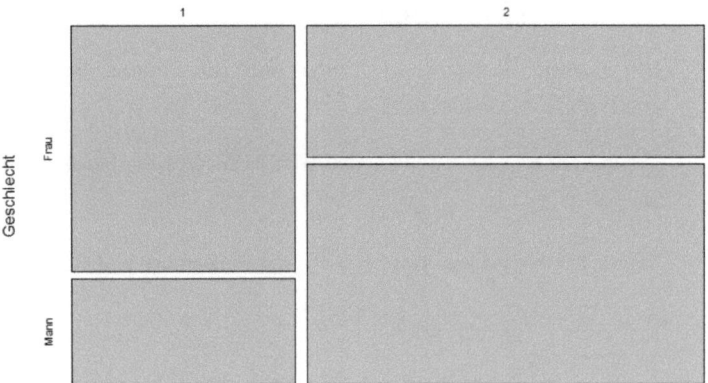

Quelle: Eigene Darstellung

Befehl:

```
mosaicplot(EKG,main = "Einkommensverteilung Mann und Frau", ylab = "Geschlecht"
, xlab = "monatliches Einkommen, 1 = weniger als 1000 Euro, 2= mehr als 1000 Euro")
```

Als nächstes wird die Altersstruktur bei Männern und Frauen geprüft.

$H_a$: Es gibt mehr Frauen im höheren Alter als Männer.

$H_0$: Es gibt gleich viele oder weniger Frauen im höheren Alter als Männer.

Das gewählte Signifikanzniveau ist 1%. Ist die Wahrscheinlichkeit, dass das Ergebnis durch Zufall zustande gekommen sein kann, größer als 1% wird die Alternativhypothese zurückgewiesen und die Nullhypothese beibehalten. Die Variable Lebensalter (v85) wurde erneut kategorisiert. Somit fallen die Merkmale „über 89 Jahren" (6) und „keine Angaben" (9) weg. Die neue Aufteilung wurde unter „Alter" gespeichert. Durch die Zusammenführung von Alter und Geschlecht entstand die Tabelle AG3.

Befehle:

```
Alter <- Recode(Allbus2014$V85, "1=1; 2=2; 3=3; 4=4; 5=5; 6='na'; 9='na'")
Alter <- as.numeric(Alter)
Alter <- factor(Alter, levels = c(1,2,3,4,5), labels = c("18 bis 29","30 bis 44","45 bis 59"
,"60 bis 74", "75 bis 89"))
AG3 <- table(Alter, Geschlecht)
```

Die Aufteilung ergibt sich folgendermaßen:

**Tabelle 3: Matrix Lebensalter und Geschlecht**

```
> addmargins(AG3)
             Geschlecht
Alter       Frau Mann  Sum
  18 bis 29  275  308  583
  30 bis 44  387  365  752
  45 bis 59  551  532 1083
  60 bis 74  350  399  749
  75 bis 89  143  153  296
  Sum       1706 1757 3463
```

Quelle: Eigene Darstellung

Als weiterer Wert wird der Chi-Quadrat berechnet.

**Tabelle 4: Chi-Quadrat-Test bei Lebensalter und Geschlecht**

```
> chisq.test(AG3)$expected
              Geschlecht
Alter            Frau      Mann
  18 bis 29  287.2070  295.7930
  30 bis 44  370.4626  381.5374
  45 bis 59  533.5253  549.4747
  60 bis 74  368.9847  380.0153
  75 bis 89  145.8204  150.1796
```

Quelle: Eigene Darstellung

Es folgt die Ermittlung des p-value-Wertes. Als Grenze wird auch hier $p < 0,01$ festgelegt. Die Wahrscheinlichkeit, dass dieser Wert durch Zufall zustande kam, beträgt weniger als 0,1%. Somit kann die Nullhypothese zurückgewiesen werden und die Alternativhypothese beibehalten werden.

**Abbildung 3: Ermittlung P-Value bei Lebensalter und Geschlecht**

```
> assocstats(AG3)
                    X^2 df P(> X^2)
Likelihood Ratio 5.6407  4  0.22764
Pearson          5.6385  4  0.22782

Phi-Coefficient    : NA
Contingency Coeff.: 0.04
Cramer's V         : 0.04
```

Quelle: Eigene Darstellung

Da das Ergebnis größer als der festgelegt Wert ist muss die Alternativhypothese zurückgewiesen werden. Das Ergebnis wird im folgendem trotzdem grafisch dargestellt.

**Abbildung 4: Altersverteilung bei Mann und Frau**

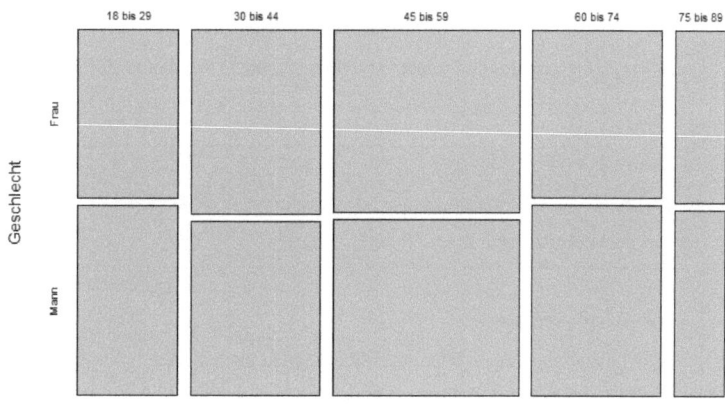

Quelle: Eigene Darstellung

Befehl:

mosaicplot(AG3,main = "Altersverteilung bei Mann und Frau", ylab = "Geschlecht", xlab = "Alter")

### 3.2. T-Test

Nun wird geprüft, ob sich Frauen und Männer im Bereich Schulbildung unterscheiden. Hierzu werden die Variablen Geschlecht (v81) und Schulbildung (v86) herangezogen. Das Statement Schulbildung besteht aus sieben Kategorien, welche nochmals zusammengefasst werden. Die Merkmale sind folgendermaßen codiert:

1 = Ohne Abschluss

2 = Volks-. Hauptschulabschluss

3 = Mittlere Reife

4 = Fachhochschulreife

5 = Hochschulreife

6 = Anderer Abschluss

7 = Noch Schüler

Diese Merkmale werden nach Höhe des Bildungsstandes sortiert. Somit werden 1 und 2 zu 1 zusammengefasst, 3 erhält die Ziffer 2, 4 und 5 werden zu 3 zusammengefasst und die Ausprägungen 6 und 7 werden komplett entfernt. Die Befehle hierzu lauten:

---

Schulbildung1 <- Recode(Allbus2014$V86, "1:2=2; 3=3; 4:5=4; 6:7= 1")

Schulbildung1 <- Recode(Schulbildung1, "1='na'; 2=1; 3=2; 4=3")

Schulbildung1 <- as.numeric(Schulbildung1)

---

Die Hypothesen lauten:

$H_a$: Frauen haben einen höheren Bildungsstand als Männer.

$H_0$: Frauen haben einen gleichen oder niedrigeren Bildungsstand als Männer.

Es wird eine Fehlerwahrscheinlichkeit von 5% akzeptiert. Die Merkmale sind wie folgt verteilt:

**Tabelle 5: Bildungsniveau bei Frauen und Männern nominal und relativ**

```
> addmargins(table(schulbildung1,Geschlecht)).     > GS1 <- table(schulbildung1,Geschlecht)
             Geschlecht                             > prop.table(GS1)*100
schulbildung1 Frau Mann  Sum                                    Geschlecht
            1  467  571 1038                        schulbildung1    Frau      Mann
            2  608  536 1144                                    1 13.62708 16.66180
            3  611  634 1245                                    2 17.74146 15.64050
          Sum 1686 1741 3427                                    3 17.82900 18.50015
```

Quelle: Eigene Darstellung

Durch die Funktion describeBy wird die Eignung der Variablen geprüft.

**Tabelle 6: DescribeBy bei Schulbildung und Geschlecht**

```
> describeBy(schulbildung1, Geschlecht, mat = TRUE)
    item group1 vars    n     mean        sd median  trimmed    mad min max range       skew   kurtosis         se
x11    1   Frau    1 1686 2.085409 0.7952758      2 2.106667 1.4826   1   3     2 -0.15342943 -1.404967 0.01936819
x12    2   Mann    1 1741 2.036186 0.8313955      2 2.045226 1.4826   1   3     2 -0.06761322 -1.550962 0.01992546
```

Quelle: Eigene Darstellung

Bei einer dreistufigen Ratingskala wird in der Regel Intervallskalenniveau angenommen. Die Gruppengröße ist mit n1= 1686 und N2= 1741 größer als 30. Da Skewness und Kurtosis für die beiden Gruppen kleiner als 1,65 ist, kann die Annahme der Normalverteilung aufrecht erhalten werden.

Es folgt der leveneTest zur Prüfung der Varianzhomogenität.

**Abbildung 5: LeveneTest bei Schulbildung und Geschlecht**

```
> leveneTest(Schulbildung1,Geschlecht)
Levene's Test for Homogeneity of Variance (center = median)
        Df F value  Pr(>F)
group    1  10.744 0.001057 **
      3425
---
signif. codes:  0 '***' 0.001 '**' 0.01 '*' 0.05 '.' 0.1 ' ' 1
```

Quelle: Eigene Darstellung

Da p kleiner ist als 0,1 wird der t-Test für heterogene Varianzen angewendet.

**Abbildung 6: t.Test bei Schulbildung und Geschlecht**

```
> t.test(Schulbildung1~Geschlecht, data = Allbus2014, var.equal = FALSE, alternative="less")

        welch Two Sample t-test

data:  Schulbildung1 by Geschlecht
t = 1.7714, df = 3424.5, p-value = 0.9617
alternative hypothesis: true difference in means is less than 0
95 percent confidence interval:
        -Inf 0.09494205
sample estimates:
mean in group Frau mean in group Mann
        2.085409           2.036186
```

Quelle: Eigene Darstellung

Aus dem Welch-test geht hervor, dass Frauen einen höheren Bildungsstand haben als Männer. Zunächst wird die Effektstärke mit cohen.d gemessen.

**Abbildung 7: Cohen.d bei Schulbildung und Geschlecht**

```
> cohen.d(Schulbildung1~Geschlecht, pooled = FALSE, paired = FALSE)

Glass's Delta

Delta estimate: 0.05920546 (negligible)
95 percent confidence interval:
      lower        upper
-0.007802377  0.126213290
```

Quelle: Eigene Darstellung

Im Ergebnis der Funktion cohen.d wird erkennbar, dass die Effektstärke mit 0,059 vernachlässigbar ist. Um die Unterschiede grafisch darzustellen wurde die Funktion „plotmean" verwendet.

**Abbildung 8: Bildungsniveau bei Mann und Frau**

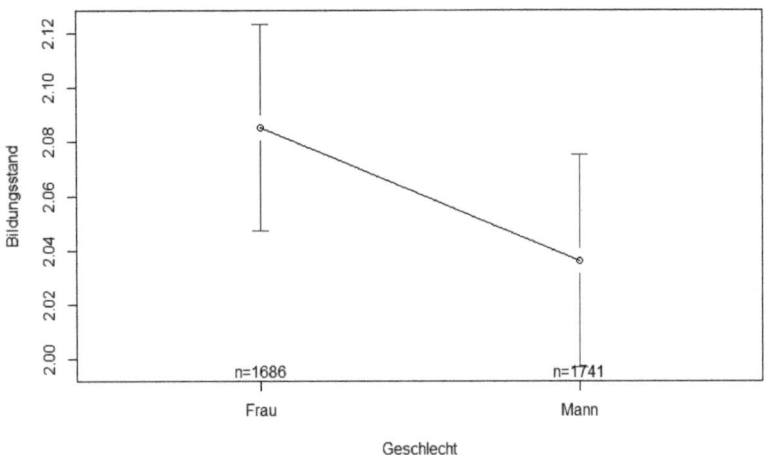

Quelle: Eigene Darstellung

Befehl:

plotmeans(Schulbildung1~Geschlecht, main ="Bildung und Geschlecht",ylab = "Bildun gsstand", xlab = "Geschlecht")

### 3.3. Varianzanalyse

Es wird geprüft, ob das Bildungsniveau (Schulbildung1) Einfluss auf die Höhe des monatlichen Einkommens (v420) hat.

Ha: Personen mit einem hohen Bildungsniveau verdienen mehr als Personen mit einem niedrigen Bildungsniveau.

H0: Personen mit einem hohen Bildungsniveau verdienen gleich viel oder weniger als Personen mit einem niedrigen Bildungsniveau.

Um diese Hypothesen zu überprüfen, wurden die Variablen entsprechend angepasst. Das Bildungsniveau wurde in drei Kategorien zusammengefasst.

Befehl:

```
SchulbildungN <- factor(Schulbildung1, levels = c(1,2,3), labels = c("HS","MR","Abi")
)
```

HS = Hauptschule (mit oder ohne qualifizierten Abschluss)

MR = Mittlere Reife

Abi = Fachabitur oder Abitur

Somit kommt folgende Aufteilung zustande.

**Tabelle 7: Merkmalsverteilung Schulbildung**

```
> table(schulbildungN)
schulbildungN
  HS   MR  Abi
1038 1144 1245
```

Quelle: Eigene Darstellung

Auch das monatliche Einkommen (v420) wurde neu kategorisiert. Befehl:

```
Einkommen <- Recode(Allbus2014$V420, "0:3=1; 4:6=2; 7:8=3; 9:10=4; 11:12=5;
13=6; 14:15=7; 16:18=8;19:22=9")
```

Die Aufteilung ist nun:

1 = 0 – 399 Euro

2 = 400 – 749 Euro

3 = 750 – 999 Euro

4 = 1000 – 1249 Euro

5 = 1250 – 1499 Euro

6 = 1500 – 1649 Euro

7 = 1650 – 2249 Euro

8 = 2250 – 7500 Euro oder mehr

Die Verteilung sieht somit wie folgt aus:

**Tabelle 8: DescribeBy bei Einkommen und Schulbildung**

```
> describeBy(Einkommen,SchulbildungN, mat = TRUE)
    item group1 vars    n     mean       sd median  trimmed     mad min max range      skew  kurtosis         se
x11    1     HS    1  969 4.187822 2.277680      4 4.084942 2.9652   1   9     8 0.3388629 -0.967697 0.07316963
x12    2     MR    1 1075 4.629767 2.362937      4 4.590012 2.9652   1   9     8 0.1475734 -1.095932 0.07206890
x13    3    Abi    1 1168 5.507705 2.728178      6 5.633547 2.9652   1   9     8 -0.2852603 -1.297497 0.07982728
```

Quelle: Eigene Darstellung

Da die Mittelwertsunterschiede von mehr als zwei Gruppen zu prüfen sind, wird die Varianzanalyse angewendet. Hierauf folgt der Levene-Test.

**Abbildung 9: LeveneTest bei Einkommen und Schulbildung**

```
> leveneTest(Einkommen,SchulbildungN)
Levene's Test for Homogeneity of Variance (center = median)
        Df F value    Pr(>F)
group    2  35.519 5.526e-16 ***
      3209
---
Signif. codes:  0 '***' 0.001 '**' 0.01 '*' 0.05 '.' 0.1 ' ' 1
```

Quelle: Eigene Darstellung

Der Levene-Test zeigt, dass die Annahme gleicher Varianzen nicht aufrecht erhalten werden kann, da die Prüfgröße deutlich kleiner als 1% ist. Somit wird der Welch-Test verwendet.

**Abbildung 10: aov und oneway.test bei Einkommen und Schulbildung**

```
> anova1 <- aov(Einkommen~SchulbildungN)

> summary(anova1)
               Df Sum Sq Mean Sq F value Pr(>F)
SchulbildungN   2    978   489.2   79.68 <2e-16 ***
Residuals    3209  19704     6.1
---
Signif. codes:  0 '***' 0.001 '**' 0.01 '*' 0.05 '.' 0.1 ' ' 1
259 observations deleted due to missingness
```

```
> anova2 <- oneway.test(Einkommen~SchulbildungN)
> anova2

        One-way analysis of means (not assuming equal variances)

data: Einkommen and SchulbildungN
F = 75.851, num df = 2.0, denom df = 2133.3, p-value < 2.2e-16
```

Quelle: Eigene Darstellung

Mit der Funktion aov() wird die Varianzanalyse für homogene Varianzen berechnet. Dies wird benötigt da nur hier die $SS_{bet}$ und die $SS_{within}$ zu sehen sind. Mit der Funktion oneway.test() wird die Varianzanalyse mit dem Welch-Test berechnet. Da dessen Ergebnis $p < 0,01$ ist, darf die Nullhypothese verworfen werden. Die Ausgabe des Gesamtmittelwertes und der Gruppenmittelwerte zeigt folgendes Ergebnis:

**Tabelle 9: Gesamtmittelwert und Gruppenmittelwert**

```
> model.tables(anova1,"means")
Tables of means
Grand mean

4.815691

SchulbildungN
          HS      MR      Abi
       4.188    4.63    5.508
rep 969.000 1075.00 1168.000
```

Quelle: Eigene Darstellung

Hieraus kann abgeleitet werden, dass sich das monatliche Einkommen bei steigendem Bildungsniveau erhöht. Im nächsten Schritt wird geprüft, welche Mittelwerte sich signifikant unterscheiden ($p = 0,01$). Hierfür wird die Funktion TukeyHSD verwendet.

**Tabelle 10: TukeyHSD bei Einkommen und Bildung**

```
> TukeyHSD(anova1)
  Tukey multiple comparisons of means
    95% family-wise confidence level

Fit: aov(formula = Einkommen ~ SchulbildungN)

$`SchulbildungN`
            diff       lwr       upr     p adj
MR-HS  0.4419449 0.1845648 0.6993251 0.0001714
Abi-HS 1.3198830 1.0674072 1.5723588 0.0000000
Abi-MR 0.8779380 0.6323599 1.1235162 0.0000000
```

Quelle: Eigene Darstellung

Der Test zeigt, dass alle Mittelwertunterschiede auf dem 1%-Niveau statistisch signifikant sind. Das höchste Einkommen erhalten Abiturienten, danach folgen Personen mit dem Abschluss der Mittleren Reife und zuletzt kommen Personen mit einem Hauptschulabschluss. Die Effektstärke wird geschätzt durch den Kennwert eta-Quadrat. Dieser wird aus $SS_{bet}/SS_{tot}$ berechnet. Hierfür muss zuerst $SS_{tot}$ in R aus $SS_{bet} + SS_{within}$ berechnet werden. Somit ergibt sich die Gleichung $978/(978+19704) = 0,0472875$

Der ausgewiesene Effekt kann als schwach bezeichnet werden. Die folgende Grafik stellt die Unterschiede dar.

**Abbildung 11: Einkommensverteilung nach Bildungsstand**

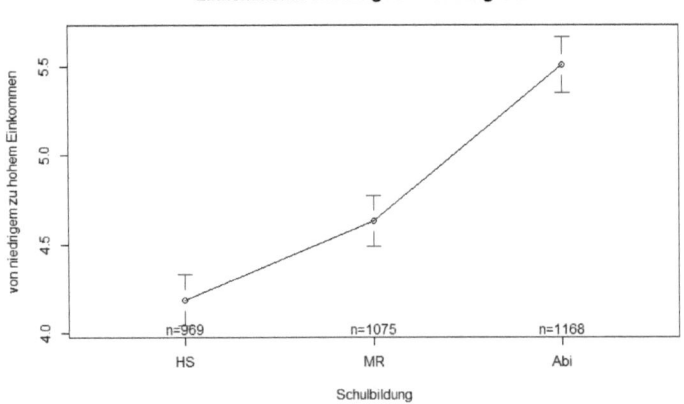

Quelle: Eigene Darstellung

Befehl:

plotmeans(Einkommen~SchulbildungN, main="Einkommensverteilung nach Bildungsstand", ylab = "von niedrigem zu hohem Einkommen", xlab = "Schulbildung")

## Literaturverzeichnis

Baltzer, Stefan, Terwey, Michael: Allbus 2008 – Variable Report, Köln, GESIS – Leibniz-Institut für Sozialwissenschaften, 2011

Baumann, Horst, Schulz Sonja: Allbus 2014 – Variable Report, Köln, GESIS – Leibniz-Institut für Sozialwissenschaften, 2017